ドリル王国へようこそ!!

ドリル王子

王様になるために毎日がんばっているよ!

JN059285

1 勉強するときは、このドリルをつかっているよ!

2 そっ、それは!

3 しっかり練習できて…

切り取れる!
キリトリ

4 がんばり表がついている…

5 そう…それはドリルの王様!

ジャ———ン!

学習指導要領対応
統合!
5・6年の
倍の計算・割合・比
ドリルの王様 改訂版

ニガテかもしれない割合がまとめて分かる!

ふろく
計算的な学習に役立つがんばり表

新興出版社
表面抗菌加工

ほかにもこんなものがありますぞ!

6

うんうん

7 プリふれ

プリンターをつかって楽しく学べるよ!

いっしょにがんばろう!!

※「プリふれ」はブラザー販売株式会社のコンテンツです。

ドリル王子の日常

ドリル王子と海遊び

ドリル王子とおかし

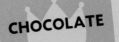

「2割引き」や「70%」など日常生活で割合が使われている場面を目にすることがあります。

また、このような割合の学習をむずかしいと感じている人がたくさんいます。

割合とは、ある量をもとにして、くらべる量がもとにする量の何倍にあたるかを表した数のことです。

$$\boxed{もとにする量} \xrightarrow[\text{□倍}]{\boxed{割合}} \boxed{くらべる量}$$

「くらべる量」を「くらべられる量」などの別のことばで表している本もあります。

苦手に思ってしまう割合の学習は、実は、「倍の計算」とよく似ているのです。

倍の計算をしっかり理解することができれば、割合の学習もむずかしくありません。

倍の計算
2 の 3 倍は 6
100 の 0.8 倍は 80

この本では、5、6年生の割合に関係する学習内容を1さつにまとめています。

もし、わからなくなったら、少し前の問題にもどって、もう一度やり直してみましょう。

赤のテープの長さは2mです。
黄のテープの長さは、赤のテープの1.8倍です。
黄のテープは何mですか。

小数の場合も、整数と同じように考えます。

赤 ——1.8倍→ 黄
2m　　　　　□m

2×1.8=3.6 で、3.6 m。

そうです

赤のテープの長さは2mです。
白のテープの長さは、赤のテープの0.8倍です。
白のテープは何mですか。

この問題の答えは？

う〜ん

赤 ——0.8倍→ 白
2m　　　　　□m

2×0.8=1.6 で、1.6 m。

すばらしい

小数倍の計算については、整数のときと同じように考えることができます。
　左の問題の黄のテープの長さを求めましょう。

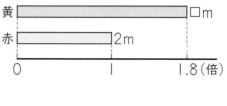

式　2×1.8=3.6　　　答え　3.6 m

これは、2mを1としたときの1.8にあたる大きさを求めたことになります。

　同じように、白のテープの長さを求めましょう。

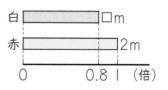

式　2×0.8=1.6　　　答え　1.6 m

これは、2mを1としたときの0.8にあたる大きさを求めたことになります。

月	日	時	分～	時	分
名前					
					点

1 右の表は、赤、青、白の３本のリボンの長さを
表しています。　　　　　40点(式10・答え10)

リボンの長さ

赤	10 m
青	15 m
白	8 m

① 青のリボンの長さは、赤のリボンの長さの何倍になっていますか。

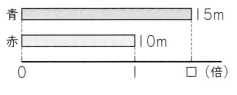

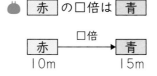

赤 の□倍は 青

10mの□倍は15m

10 × □ = 15

式　15÷10＝

10×□=15だから、
□を求める式は……

答え（　　　　　　）

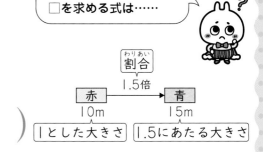

1.5のように、何倍にあたるかを
表した数を、割合といいます。

左のような図でも表せるね。

② 白のリボンの長さは、赤のリボンの長さの何倍になっていますか。
式

赤 の□倍は 白

答え（　　　　　　）

2 右の表は、ゆうとさん、お父さん、妹の 3人の体重を
表しています。　　　　　　　　　　　30点(式5・答え5)

３人の体重

ゆうと	36 kg
お父さん	63 kg
妹	18 kg

① お父さんの体重は、ゆうとさんの体重の何倍になっていますか。
式

答え（　　　　　　　）

② 妹の体重は、ゆうとさんの体重の何倍になっていますか。
式

答え（　　　　　　　）

③ お父さんの体重は、妹の体重の何倍になっていますか。
式

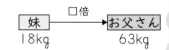

答え（　　　　　　　）

3 ジュースが 16 dL、お茶が 20 dL、牛にゅうが 12 dL あります。
　　　　　　　　　　　　　　　　　　　30点(式10・答え5)

① お茶の量は、ジュースの量の何倍になっていますか。
式

答え（　　　　　　　）

② 牛にゅうの量は、ジュースの量の何倍になっていますか。
式

答え（　　　　　　　）

問題文をよんで、「◯◯の◯倍は◯◯」という２つの数量と倍の関係をみつけよう。

1 東公園で遊んでいる人数を調べると、東公園全体の人数の 0.6 倍が広場にいる人数、広場にいる人数の 0.4 倍が遊具で遊んでいる人数で、遊具で遊んでいる人数は 12 人でした。

25点(①□1つ5、②式5・答え5)

① 　□　にあてはまる数をかきましょう。

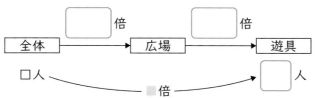

□人の (0.6×0.4) 倍は 12 人
□ × (0.6×0.4) ＝ 12

□×(0.6×0.4)＝12 だから、□を求める式は……

② 東公園全体の人数は何人ですか。

式　12÷(0.6×0.4)＝12÷0.24

＝

答え (　　　　　　)

広場の人数を求めてから全体の人数を求めても、答えは同じだよ。

2 ノートとコンパスと筆箱のねだんを調べました。ノートのねだんの 1.5 倍がコンパスのねだん、コンパスのねだんの 2.6 倍が筆箱のねだんで、筆箱のねだんは 780 円でした。

25点(①□1つ5、②式5・答え5)

① 　□　にあてはまることばをかきましょう。

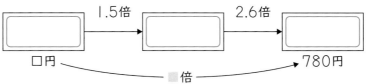

② ノートのねだんは何円ですか。

式

答え (　　　　　　)

❸ 赤、青、黄の3本のリボンがあります。リボンの長さをくらべると、赤の長さの 0.5倍が青の長さ、青の長さの0.4倍が黄の長さで、黄のリボンの長さは1.3m でした。赤のリボンの長さは何mですか。 15点(式10・答え5)

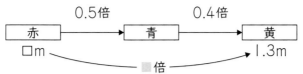

式

答え　（　　　　　　　）

❹ A、B、Cの3つの箱があります。箱の重さをくらべると、Aの重さの1.6倍が Bの重さ、Bの重さの3.5倍がCの重さで、Cの箱の重さは8.4kgでした。 Aの箱の重さは何kgですか。 15点(式10・答え5)

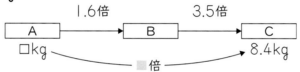

式

答え　（　　　　　　　）

❺ 5年生で、虫歯について調べました。5年生全体の人数の0.3倍が虫歯がある 人数、虫歯がある人数の0.5倍が治りょうがすんでいる人数で、治りょうがすんで いる人数は9人でした。5年生全体の人数は何人ですか。 20点(式10・答え10)

式

答え　（　　　　　　　）

１とした大きさを求めるときは、求める大きさを□として、かけ算の式に表してみる といいよ。❸は、□×(0.5×0.4)＝1.3 と表せるね。

7 分数倍

月	日	時	分〜	時	分

名前

点

① 右の表は、赤、青、白の３本のテープの長さを表しています。 45点(式10・答え5)

テープの長さ
赤	12 cm
青	15 cm
白	9 cm

① 青のテープの長さは、赤のテープの長さの何倍ですか。分数で表しましょう。

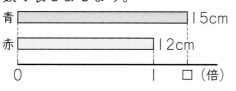

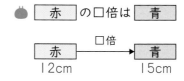

赤 の□倍は 青

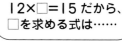

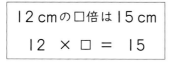

12 cmの□倍は15 cm

12 × □ = 15

式 15÷12＝

12×□=15だから、
□を求める式は……

$$□ ÷ ○ = \frac{□}{○}$$

答え (   )

② 白のテープの長さは、赤のテープの長さの何倍ですか。分数で表しましょう。
式

赤 の□倍は 白

答え (   )

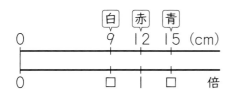

左のような図でも表せるね。

③ 青のテープの長さは、白のテープの長さの何倍ですか。分数で表しましょう。
式

白 の□倍は 青

答え (   )

❷ 右の表は、オレンジ、りんご、ぶどうの３つのジュースの
量を表しています。　　　　　　　30点(式5・答え5)

ジュースの量

オレンジ	24 dL
りんご	32 dL
ぶどう	16 dL

① りんごジュースの量は、オレンジジュースの量の何倍ですか。分数で表しましょう。
式

🍇 オレンジ の□倍は りんご

オレンジ ──□倍→ りんご
24dL　　　　　32dL

答え（　　　　　　）

② ぶどうジュースの量は、オレンジジュースの量の何倍ですか。分数で表しましょう。
式

🍇 オレンジ の□倍は ぶどう

オレンジ ──□倍→ ぶどう
24dL　　　　　16dL

答え（　　　　　　）

③ ぶどうジュースの量は、りんごジュースの量の何倍ですか。分数で表しましょう。
式

🍇 りんご の□倍は ぶどう

りんご ──□倍→ ぶどう
32dL　　　　　16dL

答え（　　　　　　）

❸ ガムのねだんは 50 円で、あめのねだんは 30 円です。　25点(①□1つ5、②式5・答え5)

① ガムのねだんとあめのねだんの関係を
表した右の図の、□にあてはまる
ことばや数をかきましょう。

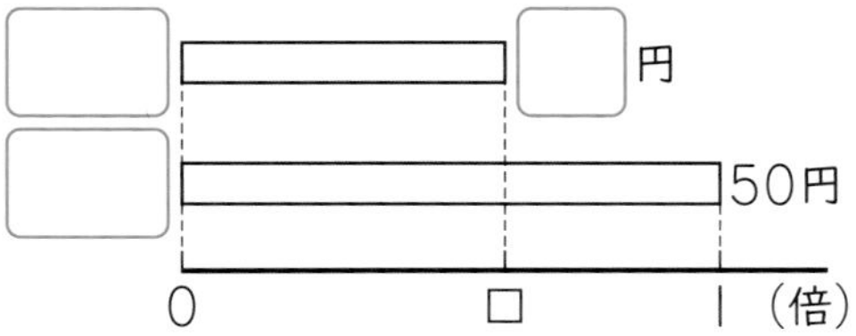

□　　　　　　　　　　　　　□円
□　　　　　　　　　　　　　50円
0　　　　　□　　　　　１ (倍)

② あめのねだんは、ガムのねだんの何倍ですか。分数で表しましょう。
式

答え（　　　　　　）

🐱 何倍を表す数が分数になることもあるよ。□÷○＝□/○ を使うと、わり切れない
わり算の商も分数で表すことができるね。

1 右の表は、A、B、Cの3つのシートの面積を表しています。

30点(式5・答え5)

シートの面積	
A	2.5 m²
B	1.5 m²
C	4.2 m²

① 面積が、Aのシートの 0.6 倍になっているのは、BとCのどちらのシートですか。

式

答え （　　　　　）

② Cのシートの面積は、Bのシートの面積の何倍ですか。

式

答え （　　　　　）

③ Dのシートがあります。Dのシートの面積は、Aのシートの面積の 1.4 倍です。Dのシートの面積は何 m² ですか。

式

答え （　　　　　）

2 サラダ油とすとしょうゆを使ってドレッシングをつくります。使うサラダ油の量は 2.4 dL です。

20点(式5・答え5)

① すの量は、サラダ油の量の 0.75 倍です。使うすの量は何 dL ですか。

式

答え （　　　　　）

② サラダ油の量は、しょうゆの量の 4.8 倍です。使うしょうゆの量は何 dL ですか。

式

答え （　　　　　）

3 小、中、大の3つの箱にあめがはいっています。小の箱にはいっているあめの数は30個で、中の箱には小の箱の1.4倍、大の箱には中の箱の1.5倍のあめがはいっています。大の箱にはいっているあめの数は何個ですか。　15点(式10・答え5)

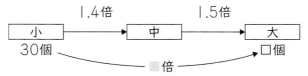

式

答え（　　　　　　　）

4 赤、白、青の3本のテープがあります。赤の長さの0.5倍が白の長さ、白の長さの0.6倍が青の長さで、青のテープの長さは4.5mです。赤のテープの長さは何mですか。　15点(式10・答え5)

式

答え（　　　　　　　）

5 右の表は、図書室にある本の数を表しています。　20点(式5・答え5)

本の数

図かん	40さつ
絵本	35さつ
百科事典	25さつ

① 絵本の数は、図かんの数の何倍ですか。分数で表しましょう。

式

🍅 図かん の□倍は 絵本

図かん ——□倍→ 絵本
40さつ　　　　　35さつ

答え（　　　　　　　）

② 百科事典の数は、絵本の数の何倍ですか。分数で表しましょう。

式

答え（　　　　　　　）

5年生70人のうち、昼休みに外で遊んだ人は42人でした。
5年生全体の人数をもとにしたときの、外で遊んだ人の割合を求めましょう。

外 ⎵⎵⎵⎵⎵42人
全体 ⎵⎵⎵⎵⎵⎵⎵70人
0　　　□　　　1（倍）

ヒントです。

全体の人数をもとにするから…

えっと…

□倍
全体 70人 → 外 42人

図に表せたよ。

70×□=42だから、□=42÷70で0.6になるね。

倍の関係がわかれば、解けますね。

これからは、「もとにする量」や「くらべる量」などのことばを使った割合の学習に取り組むことになります。

この本の最初にもかいてあるように、割合とは、ある量をもとにして、くらべる量がもとにする量の何倍にあたるかを表した数のことです。

割合
□倍
もとにする量 → くらべる量

「くらべる量」を「くらべられる量」などの別のことばで表している本もあります。

また、割合は、次のような式で求めることができます。

　　割合＝くらべる量÷もとにする量

問題を解くときは、もとにする量とくらべる量が何にあたるのかを考えましょう。

また、図については、下のようにいろいろありますので、わかりやすい図を使って考えましょう。

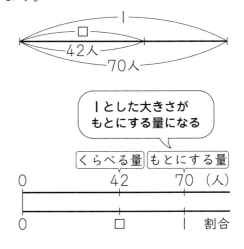

1
□
42人
70人

1とした大きさがもとにする量になる

くらべる量　もとにする量
0　　　　42　　　70（人）

0　　　　□　　　1　割合

19

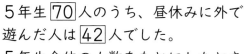

5年生 70 人のうち、昼休みに外で遊んだ人は 42 人でした。
5年生全体の人数をもとにしたときの、外で遊んだ人の割合(わりあい)は 0.6 になります。

図に表しましょう。

全部わかっているのに…

全体 ── 0.6 倍 → 外
70 人　　　　42 人

□の位置がどこになっても、求めることができますか。

できるよ！

割合を求める
→70×□＝42

くらべる量を求める
→70×0.6＝□

もとにする量を求める
→□×0.6＝42

問題によって、どこを求めるのかが変わります。

求める数を□として、数量の関係がわかればいいね。

割合の問題では、次の3つのパターンがあります。
・割合を求める
・くらべる量を求める
・もとにする量を求める
また、解(と)き方は次のとおりです。

1. 数量の関係を理解(りかい)する

・もとにする量が何か、くらべる量が何か、割合が何かを理解し、その関係を図に表す。

・「○の△倍は☆」、「☆は○の△倍」などのことばから、その関係を図に表す。

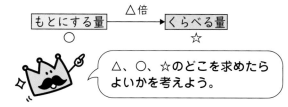

もとにする量 ── △倍 → くらべる量
○　　　　　　　　　　　☆

△、○、☆のどこを求めたらよいかを考えよう。

2. 式に表す

・「○の△倍は☆」、「☆は○の△倍」などから「○×△＝☆」の式に表す。

・割合＝くらべる量÷もとにする量　を使う。
・くらべる量＝もとにする量×割合　を使う。
・もとにする量＝くらべる量÷割合　を使う。

3. 答えを求める
・2で表した式から、答えを求める。

これからいろいろな問題を解いて、「割合」や「くらべる量」、「もとにする量」を求めることができるようになりましょう。

13 くらべる量を求める ②

❶ 図書室にある本の数を調べると、図かんの数と
絵本の数は、右の表のようでした。

60点(式10・答え10)

種類	本の数（さつ）
図かん	150
絵本	120

① 物語の本の数は、図かんの 1.6 倍でした。物語の本の数は何さつですか。

式

🍅 図かん の1.6倍は 物語

図かん ──1.6倍──→ 物語
150さつ　　　　　□さつ

答え（　　　　　　　）

② スポーツの本の数は、絵本の 1.4 倍でした。スポーツの本の数は何さつですか。

式

🍅 絵本 の1.4倍は スポーツ

絵本 ──1.4倍──→ スポーツ
120さつ　　　　　□さつ

答え（　　　　　　　）

③ 絵本を買いたして、いまの絵本の数の 1.1 倍に増やします。絵本の数は何さつに
なりますか。

式

🍅 いま の1.1倍は 増えた後

いま ──1.1倍──→ 増えた後
120さつ　　　　　□さつ

答え（　　　　　　　）

いまの絵本の数を1とすると、増えた後の数は
1.1にあたるんだね。

❷ ももかさんの小学校の5年生の数は80人です。　　　　　　20点(式5・答え5)

① 6年生の数は、5年生の1.05倍です。6年生は何人ですか。

式

答え（　　　　　　）

② 20年前の5年生の数は、いまの1.25倍だったそうです。20年前の5年生は何人でしたか。

式

答え（　　　　　　）

❸ 赤いリボンの長さは92cmです。　　　　　　20点(式5・答え5)

① 青いリボンの長さは、赤いリボンの長さを1としたとき、1.5にあたります。青いリボンの長さは何cmですか。

式

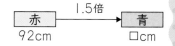

答え（　　　　　　）

② 黄色いリボンの長さは、赤いリボンの長さを1としたとき、1.75にあたります。黄色いリボンの長さは何cmですか。

式

答え（　　　　　　）

くらべる量は、かけ算の式で求めるよ。割合が1より小さいときは、もとにする量より小さくなり、1より大きいときは、もとにする量より大きくなるね。

14 くらべる量を求める ③

1 果じゅうの割合が 0.2 のジュースがあります。　30点(式10・答え5)

① このジュース 350 mL には、果じゅうが何 mL ふくまれていますか。

式

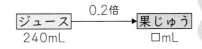
ジュース の0.2倍は 果じゅう

ジュース ——0.2倍→ 果じゅう
350mL　　　　　□mL

答え（　　　　　　　）

② このジュース 240 mL には、果じゅうが何 mL ふくまれていますか。

式

ジュース の0.2倍は 果じゅう

ジュース ——0.2倍→ 果じゅう
240mL　　　　　□mL

答え（　　　　　　　）

くらべる量＝もとにする量×割合 だよ。

2 定員が 160 人の車両があります。　20点(式5・答え5)

① 昨日乗っていた人数は、定員の 0.35 倍だったそうです。昨日乗っていた人数は何人ですか。

式

定員 の0.35倍は 昨日の人数

定員 ——0.35倍→ 昨日の人数
160人　　　　　□人

答え（　　　　　　　）

② 今日乗っていた人数は、定員の 1.2 倍だったそうです。今日乗っていた人数は何人ですか。

式

答え（　　　　　　　）

❸ ある店で、月曜日に売れたパンの数は 250 個でした。　　　　30点(式5・答え5)

① 火曜日に売れた数は、月曜日を 1 としたとき、1.3 にあたります。火曜日に
売れたパンの数は何個ですか。

式

🍅 月曜日 の1.3倍は 火曜日

月曜日 —— 1.3倍 ——→ 火曜日
250個　　　　　　　□個

答え （　　　　　　　）

② 水曜日に売れた数は、月曜日を 1 としたとき、0.84 にあたります。水曜日に
売れたパンの数は何個ですか。

式

答え （　　　　　　　）

③ 水曜日に売れた数は、月曜日より何個少なかったですか。

式

答え （　　　　　　　）

❹ A小学校のバスケットボールクラブの人数は 45 人で、5 年生の割合は 0.6 です。
また、B小学校のバスケットボールクラブの人数は 60 人で、5 年生の割合は
0.55 です。A小学校とB小学校のバスケットボールクラブの 5 年生の数は、
どちらが何人多いですか。　　　　20点(式10・答え10)

式

答え （　　　　が　　　　多い。）

👨 もとにする量の割合は 1 だよ。くらべる量の割合が 0.6 ということは、もとにする
量を 1 としたときのくらべる量の大きさが 0.6 ということだね。

32

❶ ともきさんの学校で、パソコンクラブの希望者の数を調べると、定員の 1.4 倍に
あたる 42 人でした。パソコンクラブの定員は何人ですか。　　20点(式10・答え10)

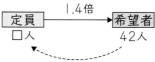

🍅 定員 の1.4倍は 希望者

定員 ──1.4倍──▶ 希望者
　□人　　　　　　42人

もとにする量を
求める問題です。

□×1.4＝42 だから、
□を求める式は……

式　42÷1.4＝

答え（　　　　　）

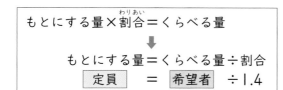

もとにする量×割合＝くらべる量
↓
もとにする量＝くらべる量÷割合
定員 ＝ 希望者 ÷1.4

割合
1.4倍
定員 ──▶ 希望者
□人　　　42人
もとにする量　くらべる量

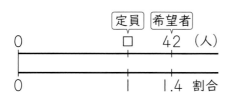

定員 希望者
0　　　□　　42 （人）
0　　　1　　1.4　割合

左のような図に表すこともあるよ。

❷ りんさんの家の今月の水の使用量は、先月の 1.15 倍にあたる 23 m³ でした。
先月の水の使用量は何 m³ ですか。　　20点(式10・答え10)

式

🍅 先月 の1.15倍は 今月

先月 ──1.15倍──▶ 今月
□m³　　　　　　　23m³

答え（　　　　　）

③ 算数の教科書のページ数は **285** ページです。　　30点(式10・答え5)

① 算数の教科書のページ数は、理科の教科書のページ数の **1.5** 倍にあたります。
理科の教科書は何ページですか。

式

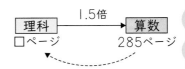

答え （　　　　　　　　）

② 算数の教科書のページ数は、英語の教科書のページ数の **2.5** 倍にあたります。
英語の教科書は何ページですか。

式

答え （　　　　　　　　）

④ あるおかしがね上がりして、今年は **420** 円で売られています。　30点(式10・答え5)

① 去年のねだんを **1** としたとき、今年のねだんは **1.2** にあたります。去年の
ねだんは何円でしたか。

式

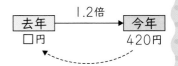

答え （　　　　　　　　）

② 発売時のねだんを **1** としたとき、今年のねだんは **1.75** にあたります。発売時の
ねだんは何円でしたか。

式

答え （　　　　　　　　）

もとにする量がわからないときは、もとにする量を□として、くらべる量を求める
かけ算の式にかいて考えるといいよ。

❶ 花だんのうち、チューリップの球根を植えた面積は 15 m² で、これは花だん全体の 0.3 倍にあたります。

20点（式5・答え5）

① 花だん全体の面積は何 m² ですか。

□×0.3＝15 だから、求める式は……

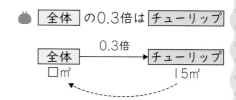

全体 の0.3倍は チューリップ

全体 ──0.3倍→ チューリップ
□m²　　　　　　15m²

式

答え（　　　　　）

② チューリップの球根を植えた面積は、スイセンの球根を植えた面積の 0.6 倍にあたります。スイセンの球根を植えた面積は何 m² ですか。

式

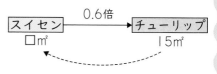

スイセン の0.6倍は チューリップ

スイセン ──0.6倍→ チューリップ
□m²　　　　　　15m²

答え（　　　　　）

❷ あるサッカーチームの今年の勝った試合数は 9 試合で、これは、全部の試合数の 0.45 倍にあたります。全部の試合数は何試合ですか。

20点（式10・答え10）

式

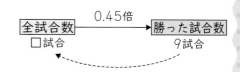

全試合数 の0.45倍は 勝った試合数

全試合数 ──0.45倍→ 勝った試合数
□試合　　　　　　9試合

答え（　　　　　）

❸ はるとさんのクラスで、先週図書室で本を借りた人は、クラス全体の 0.75 倍に あたる 24 人でした。クラス全体の人数は何人ですか。 15点(式10・答え5)

式

👆 全体 の0.75倍は 借りた人数

全体 ──0.75倍──▶ 借りた人数
□人   24人

答え （   ）

❹ Tシャツが、もとのねだんの 0.8 倍にね下がりして、1600 円で売られています。 もとのねだんは何円でしたか。 15点(式10・答え5)

式

答え （   ）

❺ オレンジジュースの量は 560mL です。 30点(式10・答え5)
① りんごジュースの量を 1 としたとき、オレンジジュースの量は 0.7 に あたります。りんごジュースの量は何 mL ですか。

式

答え （   ）

② お茶の量を 1 としたとき、オレンジジュースの量は 0.4 にあたります。お茶の 量は何 mL ですか。

式

答え （   ）

🐭 もとにする量とくらべる量を確にんして、もとにする量×割合＝くらべる量 から、 もとにする量を求める式を考えよう。

21 百分率 ②

❶ つめかえ用のシャンプーが、540 mL に増量して売られています。この量は、増量前の量の 120% にあたります。増量前のシャンプーの量は何 mL ですか。

20点(式10・答え10)

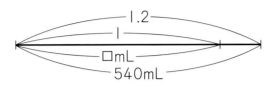

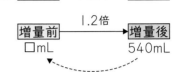

もとにする量を求める問題です。

120% は、1.2 倍だね。□×1.2=540 だから、□を求める式は……

式　540÷1.2＝

答え（　　　　　）

❷ こうきさんは、もとのねだんの 70% でくつを買いました。代金は 2100 円でした。このくつのもとのねだんは何円ですか。

20点(式10・答え10)

式

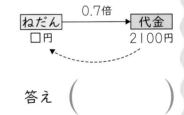

答え（　　　　　）

❸ さらさんの学校の 5 年生は 80 人で、これは、さらさんの町全体の 5 年生の 25% にあたるそうです。さらさんの町全体の 5 年生は何人ですか。

20点(式10・答え10)

式

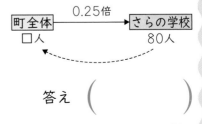

答え（　　　　　）

45

4 学校から市役所までの道のりは、480mです。　　20点(式5・答え5)

① この道のりは、学校から駅までの道のりの60%にあたります。学校から駅までの道のりは何mですか。

式

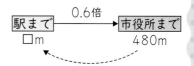

駅までの0.6倍は市役所まで

駅まで ──0.6倍──→ 市役所まで
　□m　　　　　　　480m

答え（　　　　　　　）

② この道のりは、学校から公園までの道のりの160%にあたります。学校から公園までの道のりは何mですか。

式

答え（　　　　　　　）

5 あたりくじの数を56本にして、くじをつくります。　　20点(式5・答え5)

① あたりくじの数が、くじ全体の14%になるようにします。くじ全体の数は何本にすればよいですか。

式

答え（　　　　　　　）

② あたりくじの数が、はずれくじの8%になるようにします。くじ全体の数は何本にすればよいですか。

式

答え（　　　　　　　）

まず、百分率で表された割合を小数になおそう。次に、もとにする量を□として、くらべる量を求めるかけ算の式にかいてみるといいよ。

月　日　　時　分〜　時　分
名前
点

❶ あさひさんは、200 ページある本の 30% を今日までによみました。あさひさんが
今日までによんだのは何ページですか。
20点(式10・答え10)

全部 の0.3倍は よんだ

全部 ──0.3倍──▶ よんだ
200ページ　　　□ページ

くらべる量を求めるんだね。
30% は 0.3 倍だから……

式　200×0.3＝

答え（　　　　　）

❷ 定員が 60 人のバスに、定員の 125% にあたる人が乗っています。このバスに
乗っている人は何人ですか。
20点(式10・答え10)
式

定員 の1.25倍は 乗客数

定員 ──1.25倍──▶ 乗客数
60人　　　　　□人

答え（　　　　　）

❸ 500 ㎡ の畑があります。そのうち、54% がじゃがいも畑です。じゃがいも畑の
面積は何 ㎡ ですか。
20点(式10・答え10)
式

畑 の0.54倍は じゃがいも

畑 ──0.54倍──▶ じゃがいも
500㎡　　　　□㎡

答え（　　　　　）

❹ 牛にゅうを 40%、こう茶を 60% の割合で混ぜてできたミルクティーがあります。

20点(式5・答え5)

① このミルクティー 330 mL にふくまれている牛にゅうは、何 mL ですか。

式

🫖 ミルクティー の0.4倍は 牛にゅう

ミルクティー ──0.4倍──→ 牛にゅう
330mL   □mL

答え （　　　　　　　　）

② このミルクティー 460 mL にふくまれているこう茶は、何 mL ですか。

式

答え （　　　　　　　　）

❺ ドーナツが、先週の土曜日に 120 個、先週の日曜日に 180 個売れました。

20点(式5・答え5)

① 今週の土曜日に売れた数は、先週の土曜日に売れた数の 130% でした。今週の土曜日に売れたドーナツの数は、何個ですか。

式

答え （　　　　　　　　）

② 今週の日曜日に売れた数は、先週の日曜日に売れた数の 85% でした。今週の土曜日に売れた数と今週の日曜日に売れた数では、どちらが何個多いですか。

式

答え （　　　　が　　　　多い。）

🐺 くらべる量 ＝ もとにする量 × 割合 で求めるよ。百分率を小数になおしてから計算しよう。

❶ ねだんが 2500 円の洋服を、20% 引きで買います。　　30点(式10・答え5)

🍅 ねだん の(1−0.2)倍は 代金

ねだん ――(1−0.2)倍→ 代金
2500円　　　　　　　□円

 ねだんの 20% 引きは、代金がねだんの 20% 分安くなる
ということだよ。

① 代金は、もとのねだんの何倍ですか。

式 1−0.2＝

答え（　　　　　）

② 代金は、何円になりますか。

式 2500×0.8＝

答え（　　　　　）

ね引き分を求めて、
もとのねだんからひいても、
答えは同じになるよ。

2500×0.2＝500…ね引き分
2500−500＝2000…代金

❷ りくさんの学校の去年の子どもの数は 360 人で、今年は去年より 5% 減った
そうです。今年の子どもの数は何人ですか。　　20点(式10・答え10)

 1つの式にかいて求めよう。

式 360×(1−0.05)＝

🍅 去年 の(1−0.05)倍は 今年

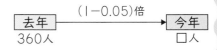
去年 ――(1−0.05)倍→ 今年
360人　　　　　　　□人

答え（　　　　　）

49

❸ これまで1箱40個入りだったあめが、20%増量して売られています。いま売られているあめは、1箱何個入りですか。 15点(式10・答え5)

式

🍅 これまで の(1+0.2)倍は いま

これまで ——(1+0.2)倍→ いま
40個　　　　　　　　　□個

答え（　　　　　　　）

❹ みおさんの学校の先週の欠席者数は50人で、今週は先週より6%増えたそうです。今週の欠席者数は何人ですか。 15点(式10・答え5)

式

🍅 先週 の(1+0.06)倍は 今週

先週 ——(1+0.06)倍→ 今週
50人　　　　　　　　　　□人

答え（　　　　　　　）

❺ 750円で仕入れた商品に、40%の利益を加えて売ります。売るねだんは何円になりますか。 20点(式10・答え10)

式

答え（　　　　　　　）

🐺 増えたり減ったりした割合が百分率で表された問題だよ。図に表して、求める量（くらべる量）がもとにする量の何倍になるかを考えよう。

24 何倍にあたるかを 考えて②

月　日　　時　分〜　時　分

名前

点

❶ サッカーボールを、もとのねだんの 15% 引きで買うと、代金は 3400 円でした。

30点(式10・答え5)

① 代金は、もとのねだんの何倍ですか。

式　1−0.15＝

答え（　　　　　　）

② もとのねだんは何円ですか。

 もとにする量を 求める問題です。

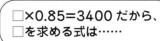 □×0.85＝3400 だから、 □を求める式は……

式　3400÷0.85＝

答え（　　　　　　）

❷ 学校の畑で今年とれたじゃがいもの数は、去年より 8% 減って 230 個でした。 去年とれたじゃがいもの数は何個でしたか。

20点(式10・答え10)

式　230÷(1−0.08)＝

 1つの式にかいて求めよう。

答え（　　　　　　）

3 せんざいが、これまでよりも 25% 増量(ぞうりょう)して、1本 750mL 入りで売られています。これまで売られていたせんざいは、1本何 mL 入りでしたか。

式

これまでの(1+0.25)倍は いま

これまで ──(1+0.25)倍──→ いま
□mL 　　　　　　　　　750mL

これまでの量は、いまの量より少ないよ。

答え (　　　　　)

4 ある商品のねだんを、12% ね上げして 1680 円にします。ね上げ前のねだんは何円でしたか。

15点(式10・答え5)

式

ね上げ前の(1+0.12)倍は ね上げ後

ね上げ前 ──(1+0.12)倍──→ ね上げ後
□円 　　　　　　　　　1680円

答え (　　　　　)

5 赤ちゃんの体重が、先週より 4% 増(ふ)えて 5200 g になりました。先週の体重は何 g でしたか。

20点(式10・答え10)

式

答え (　　　　　)

増えたり減(へ)ったりした割合(わりあい)からもとにする量を求める問題だね。くらべる量がもとにする量の何倍になるかを考えて式に表そう。求める式はわり算になるよ。

25 まとめのテスト

1 次の□にあてはまる数を求めましょう。　　　　　　　　20点(1つ5)

① 80 cm をもとにしたときの 24 cm の割合(わりあい)は、□ % です。

② 56 人は、35 人の □ % です。

③ 150 g の 210% は □ g です。

④ 180 個は、□ 個の 75% にあたります。

2 ある市の面積は 120 km² です。　　　　　　　　20点(式5・答え5)

① このうち、田の面積は 6 km² です。田の面積は、市全体の面積の何 % ですか。

式

🍅 市 の□倍は 田

市　　□倍　　→　　田
120km²　　　　　　6km²

答え（　　　　　　　　　）

② 市全体の 25% が住たく地です。住たく地の面積は何 km² ですか。

式

答え（　　　　　　　　　）

3 かなたさんがアサガオの種をまいたところ、1週間後、18 個の芽が出ました。これは、まいた種の 90% にあたります。かなたさんは、何個の種をまきましたか。

10点(式5・答え5)

式

答え（　　　　　　　　　）

4 果じゅうが 12% ふくまれているジュースがあります。 20点(式5・答え5)

① このジュース 300 mL の中に、果じゅうは何 mL ふくまれていますか。

式

答え (   )

② 果じゅうを 60 mL とるためには、このジュースを何 mL 飲む必要がありますか。

式

答え (   )

5 ある店の割引きセールで、どの商品も 35% 引きで売られています。

30点(式5・答え5)

① もとのねだんが 800 円の商品は、何円で買えますか。

式

答え (   )

② 1040 円で買った商品の、もとのねだんは何円ですか。

式

答え (   )

③ もとのねだんが 600 円の商品の場合、35% 引きと 200 円引きでは、どちらのほうが安く買えますか。

式

答え (のほうが安い。)

赤のテープの長さは2mです。
黄のテープの長さは、赤のテープ
の $\frac{9}{5}$ 倍です。
黄のテープは何mですか。

分数の場合も、整数と同じように考えます。

赤 —$\frac{9}{5}$倍→ 黄
2m　　　　□m

$2 \times \frac{9}{5} = \frac{18}{5}$ で、$\frac{18}{5}$ m。

そうそう

赤のテープの長さは2mです。
白のテープの長さは、赤のテープ
の $\frac{4}{5}$ 倍です。
白のテープは何mですか。

この問題の答えは？

え〜と

赤 —$\frac{4}{5}$倍→ 白
2m　　　　□m

$2 \times \frac{4}{5} = \frac{8}{5}$ で、$\frac{8}{5}$ m。

そうです

分数倍の計算についても、整数のときと同じように考えることができます。
左の問題の黄のテープの長さを求めましょう。

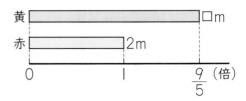

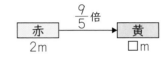

式　$2 \times \frac{9}{5} = \frac{18}{5}$　　　　答え　$\frac{18}{5}$ m

これは、2mを1としたときの $\frac{9}{5}$ にあたる大きさを求めたことになります。

同じように、白のテープの長さを求めましょう。

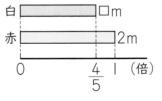

式　$2 \times \frac{4}{5} = \frac{8}{5}$　　　　答え　$\frac{8}{5}$ m

これは、2mを1としたときの $\frac{4}{5}$ にあたる大きさを求めたことになります。

$a:b$ で表される比で、a が b の何倍になっているかを表す数を比の値といいます。

$a÷b$ 倍
$a : b$

$15:20$ の比の値は、

$15÷20=\dfrac{3}{4}$ で、

$\dfrac{3}{4}$ になります。

$15÷20$ 倍
$15 : 20$

$15:20$ と $90:120$ の2つの等しい比で、比の値を調べてみましょう。

比の値はどちらも $\dfrac{3}{4}$ で等しくなっています。

$\dfrac{3}{4}$ 倍　　　$\dfrac{3}{4}$ 倍

$$15:20=90:120$$

また、$a:b$ の両方の数に同じ数をかけたり、両方の数を同じ数でわったりしてできる比は、すべて $a:b$ に等しくなります。

$×6$
$$15:20=90:120$$
$×6$

$÷6$
$$15:20=90:120$$
$÷6$

比の問題では、これらの関係を使って、考えていきます。

26 割合を表す分数 ①

❶ 右の表は、白、赤、青の３本のテープの長さを表しています。

40点(式10・答え10)

テープの長さ

白	2 m
赤	$\frac{4}{5}$ m
青	$\frac{3}{4}$ m

① 白のテープの長さは、赤のテープの長さの何倍ですか。分数で表しましょう。

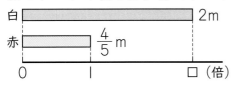

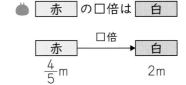

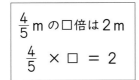

$$\frac{4}{5} \text{ m の□倍は 2 m}$$
$$\frac{4}{5} \times \square = 2$$

$\frac{4}{5} \times \square = 2$ だから、
□を求める式は……

式　$2 \div \frac{4}{5} =$

答え（　　　　）

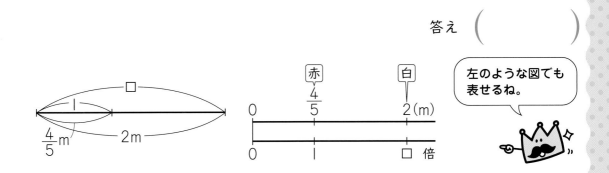

左のような図でも表せるね。

② 青のテープの長さは、白のテープの長さの何倍ですか。分数で表しましょう。

式

答え（　　　　）

❷ 右の表は、冷蔵庫にはいっている３つの飲み物の量を
表しています。　　　　　　　　　　30点(式5・答え5)

飲み物の量

お茶	$\frac{10}{3}$ dL
コーラ	5 dL
牛乳	3 dL

① コーラの量は、お茶の量の何倍ですか。分数で表しましょう。
　式

🍅 お茶 の□倍は コーラ

お茶 $\xrightarrow{\text{□倍}}$ コーラ
$\frac{10}{3}$dL　　　5dL

答え（　　　　　　　）

② お茶の量を１としたとき、牛乳の量はどれだけにあたりますか。分数で
表しましょう。
　式

答え（　　　　　　　）

③ お茶の量は、コーラの量の何倍ですか。分数で表しましょう。
　式

🍅 コーラ の□倍は お茶

コーラ $\xrightarrow{\text{□倍}}$ お茶
5dL　　　$\frac{10}{3}$dL

答え（　　　　　　　）

❸ 6kg の米のうち、$\frac{9}{2}$kg を食べました。
30点(①1つ5、②式10・答え10)

① はじめの米の重さを１として、
はじめの米の重さと食べた米の重さの
関係を図に表します。右の図の□に
あてはまる数をかきましょう。

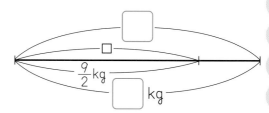

② 食べた米の重さは、はじめの米の重さの何倍ですか。分数で表しましょう。
　式

答え（　　　　　　　）

🐺 量を表す数が分数になっても、「□□□の□倍は□□□」という２つの数量と倍の関係が
わかれば、何倍かを求めることができるね。

月　日　　時　分〜　時　分

名前

点

❶ 右の表はA、B、Cの３つのシートの面積を表しています。

45点(式10・答え5)

シートの面積	
A	$\frac{3}{5}$ m²
B	$\frac{1}{2}$ m²
C	$\frac{9}{10}$ m²

① Bのシートの面積は、Aのシートの面積の何倍ですか。分数で表しましょう。

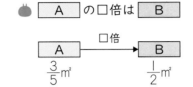

式

答え　（　　　　　　　）

② Cのシートの面積は、Aのシートの面積の何倍ですか。分数で表しましょう。

式

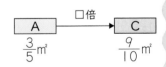

答え　（　　　　　　　）

③ Bのシートの面積は、Cのシートの面積の何倍ですか。分数で表しましょう。

式

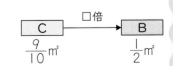

答え　（　　　　　　　）

59

❷ $\frac{2}{3}$ L のジュースのうち、$\frac{1}{6}$ L を飲みました。飲んだ量は、はじめの量の何倍ですか。

分数で表しましょう。　　　　　　　　　　　　　　　　　　　15点(式10・答え5)

式

🍅 はじめ の□倍は 飲んだ

```
              □倍
┌─────┐ ──────→ ┌─────┐
│はじめ│         │飲んだ│
└─────┘         └─────┘
  2/3 L            1/6 L
```

答え（　　　　　　　）

❸ $\frac{5}{4}$ km のランニングコースのうち、$\frac{5}{7}$ km を走りました。全体の道のりを1とした

とき、走った道のりはどれだけにあたりますか。分数で表しましょう。

15点(式10・答え5)

式

答え（　　　　　　　）

❹ 細いロープの長さは $\frac{3}{2}$ m、太いロープの長さは $\frac{9}{7}$ m です。細いロープの長さは、

太いロープの長さの何倍ですか。分数で表しましょう。　　　10点(式5・答え5)

式

答え（　　　　　　　）

❺ 次の□にあてはまる分数を求めましょう。　　　　　　　　　　15点(1つ5)

① $\frac{1}{3}$ kg は、$\frac{8}{9}$ kg の □ 倍にあたります。

② $\frac{1}{2}$ m の □ 倍にあたる長さは、$\frac{5}{8}$ m です。

③ $\frac{4}{3}$ L を1としたとき、□ にあたる量は $\frac{8}{7}$ L です。

👑 ①Ａのシートの面積を もとにする量 、Ｂのシートの面積を くらべる量 とした

ときの割合を求めるよ。式は、くらべる量 ÷ もとにする量 だね。

28 割合を表す分数 ③

月　日　　時　分〜　時　分

名前

点

❶ 黄、青、緑の3本のリボンがあります。黄のリボンの長さは120cmです。

40点(式10・答え10)

① 青のリボンは、黄のリボンの $\frac{3}{4}$ 倍の長さです。青のリボンの長さは何cmですか。

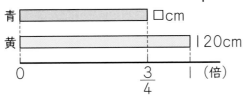

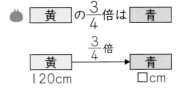

式　$120 \times \frac{3}{4} =$

答え（　　　　　　）

黄のリボンの長さを1としたとき、青のリボンの長さは $\frac{3}{4}$ にあたる大きさになっているね。

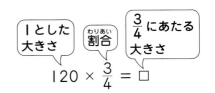

1とした大きさ　割合　$\frac{3}{4}$ にあたる大きさ

$120 \times \frac{3}{4} = \square$

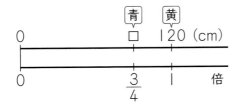

左のような図に表して考えてもいいね。

② 緑のリボンは、黄のリボンの $\frac{5}{3}$ 倍の長さです。緑のリボンの長さは何cmですか。

式

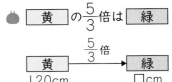

答え（　　　　　　）

61

❷ やかんには、4Lの水がはいります。　　　　　　30点(式10・答え5)

① ポットには、やかんの$\frac{5}{8}$倍の量の水がはいります。ポットにはいる水の量は
何Lですか。分数で表しましょう。
式

答え（　　　　　　）

② なべには、やかんの$\frac{7}{6}$倍の量の水がはいります。なべにはいる水の量は
何Lですか。分数で表しましょう。
式

答え（　　　　　　）

❸ 8aの畑があります。このうち、$\frac{3}{10}$にあたる面積を耕しました。耕した面積は
何aですか。分数で表しましょう。　　　　　　　15点(式10・答え5)
式

答え（　　　　　　）

❹ 次の☐にあてはまる分数を求めましょう。　　　　　　15点(1つ5)

① 18kgの$\frac{5}{12}$倍は、☐kgです。

② 15m²を1としたとき、$\frac{10}{9}$にあたる面積は☐m²です。

③ ☐mは、6mの$\frac{1}{8}$です。

👨 倍を表す数が分数になっても、整数のときと同じようにして、何倍にあたる大きさを
求めることができるよ。

62

❶ ケーキをつくるのに小麦粉（こむぎこ）を 160g 使いました。これは、はじめにあった小麦粉の重さの $\frac{2}{5}$ にあたります。はじめにあった小麦粉は何 g ですか。　　20点(式10・答え10)

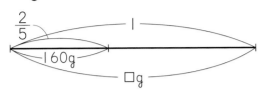

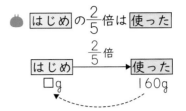

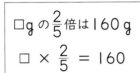

□g の $\frac{2}{5}$ 倍は 160g

□ × $\frac{2}{5}$ = 160

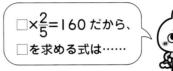

□×$\frac{2}{5}$=160 だから、
□を求める式は……

式　160÷$\frac{2}{5}$=

答え（　　　　　　　）

はじめの小麦粉の重さを1としたとき、使った小麦粉の重さは $\frac{2}{5}$ にあたる大きさになっているよ。

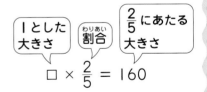

1とした大きさ　割合（わりあい）　$\frac{2}{5}$ にあたる大きさ

□ × $\frac{2}{5}$ = 160

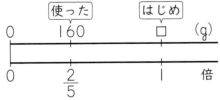

左のような図に表して考えてもいいよ。

❷ びんに水が $\frac{4}{3}$ L はいっています。これは、びん全体の容積（ようせき）の $\frac{4}{9}$ にあたります。びん全体では何 L の水がはいりますか。　　20点(式10・答え10)

式

びん全体 の $\frac{4}{9}$ 倍は　水

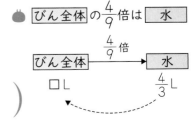

答え（　　　　　　　）

❸ 青いテープの長さは $\frac{5}{4}$ m で、これは、赤いテープの長さの $\frac{10}{7}$ にあたります。
赤いテープの長さは何 m ですか。分数で表しましょう。　15点(式10・答え5)
　式

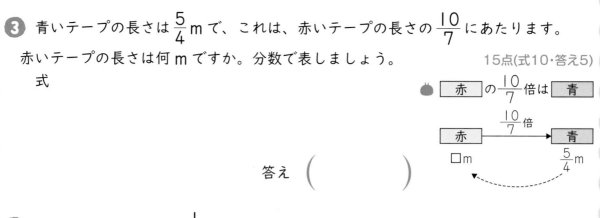

答え （　　　　　　　）

❹ 算数の宿題をするのに $\frac{1}{2}$ 時間かかりました。これは、全部の宿題をした時間の
$\frac{3}{10}$ にあたります。全部の宿題をした時間は何時間でしたか。分数で表しましょう。
15点(式10・答え5)
　式

答え （　　　　　　　）

❺ 家から公園までの道のりは、家からスーパーまでの道のりの $\frac{8}{7}$ にあたる $\frac{6}{7}$ km です。
家からスーパーまでの道のりは何 km ですか。分数で表しましょう。15点(式10・答え5)
　式

答え （　　　　　　　）

❻ 次の □ にあてはまる数を求めましょう。　15点(1つ5)

① 45 本は、□ 本の $\frac{3}{4}$ です。

② □ km の $\frac{1}{6}$ は、$\frac{3}{2}$ km です。

③ □ kg を 1 としたとき、$\frac{7}{10}$ にあたる重さは $\frac{6}{5}$ kg です。

　　　🐱　分数のときも、何倍にあたる大きさと倍を表す数から 1 にあたる大きさを求める
　　　ときは、□ を使ってかけ算の式に表してみよう。

名前

月 日 　時 分～ 時 分

点

❶ 右の図のような長方形があります。この長方形の、縦と横の長さの比をかきましょう。　　　　5点

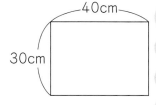

40cm
30cm

30 : ☐

「a と b の比」は
a : b とかくよ。

❷ 次の比をかきましょう。　　　　20点(1つ10)

① 赤のリボン15cmと黄のリボン45cmの長さの比

赤 ☐ 15cm
黄 ☐ 45cm

(　　　　　)

② 5年生28人と6年生20人の人数の比

(　　　　　)

❸ Aのドレッシングは、す60mLとサラダ油90mLを混ぜてつくり、Bのドレッシングは、す大さじ4はいとサラダ油大さじ6ぱいを混ぜてつくりました。

25点(( )1つ5)

① AとBのドレッシングの、すとサラダ油の量の比をかきましょう。

A (　　　　　) 　　B (　　　　　)

② ①でかいた2つの比の、比の値を求めましょう。

a : b の比の値は a÷b で求めるよ。

A (　　　　　) 　　B (　　　　　)

③ AとBのドレッシングの、すとサラダ油の量の比は等しいといえますか。

(　　　　　)

2つの比で、それぞれの比の値が等しい。	
↓	60:90=4:6
2つの比は等しい。	

4 次の比の値を求めましょう。　　　　　　　　　　　　32点(1つ4)

① 3：5

　　　　　　　　（　　　　　　　）

② 4：7

　　　　　　　　（　　　　　　　）

③ 10：5

　　　　　　　　（　　　　　　　）

④ 12：3

　　　　　　　　（　　　　　　　）

⑤ 6：6

　　　　　　　　（　　　　　　　）

⑥ 25：40

　　　　　　　　（　　　　　　　）

⑦ 24：32

　　　　　　　　（　　　　　　　）

⑧ 15：9

　　　　　　　　（　　　　　　　）

5 次の2つの比が等しいかどうかを調べて、等しければ○、等しくなければ×を
かきましょう。　　　　　　　　　　　　　　　　　8点(1つ4)

① 12：18 と 21：28

　　　　　　　　　　　　　　　　（　　　　　　　）

② 8：10 と 20：25

　　　　　　　　　　　　　　　　（　　　　　　　）

6 次の比と等しい比を、それぞれ2つ選んで記号で答えましょう。10点(両方できて1つ5)

① 3：7
　　㋐ 9：21　　㋑ 5：9　　㋒ 70：30　　㋓ 15：35

　　　　　　　　　　　　　　　　（　　　　　　　）

② 10：12
　　㋐ 20：22　　㋑ 35：42　　㋒ 15：18　　㋓ 18：20

　　　　　　　　　　　　　　　　（　　　　　　　）

$a：b$ で表される比で、a が b の何倍になっているかを表す数を比の値というよ。
比の値を求めると、等しい比をみつけることができるね。

1 等しい比の関係を式に表しました。□にあてはまる数をかきましょう。

20点(全部できて1つ5)

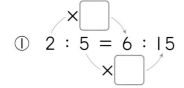

① $2 : 5 = 6 : 15$　（×□, ×□）

② $16 : 12 = 4 : 3$　（÷□, ÷□）

> a と b の両方の数に同じ数をかけたり、同じ数でわったりして できる比は、すべて $a : b$ に等しくなるよ。

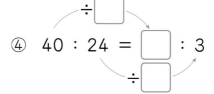

③ $3 : 2 = 15 : \boxed{}$　（×□, ×□）

④ $40 : 24 = \boxed{} : 3$　（÷□, ÷□）

2 x にあてはまる数をかきましょう。

32点(1つ4)

① $20 : 5 = 4 : x$

$$(x =)$$

② $14 : 21 = 2 : x$

$$(x =)$$

③ $4 : 5 = 24 : x$

$$(x =)$$

④ $7 : 4 = 35 : x$

$$(x =)$$

⑤ $24 : 15 = x : 5$

$$(x =)$$

⑥ $16 : 36 = x : 9$

$$(x =)$$

⑦ $3 : 8 = x : 56$

$$(x =)$$

⑧ $6 : 5 = x : 40$

$$(x =)$$

3 18：24 の比を簡単にします。□にあてはまる数をかきましょう。

8点(全部できて1つ4)

あ　両方の数を、それらの最大公約数でわる。

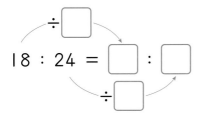

等しい比で、できるだけ小さな
整数の比になおすことを、
比を簡単にするというよ。

い　比の値を利用する。

比の値を求めると、$18 \div 24 = \dfrac{\square}{\square}$ だから、$18 : 24 = \square : \square$

4 次の比を簡単にしましょう。

30点(1つ5)

①　20：8

②　9：27

（　　　　　　　　）

（　　　　　　　　）

③　54：36

④　60：75

（　　　　　　　　）

（　　　　　　　　）

⑤　300：50

⑥　480：180

（　　　　　　　　）

（　　　　　　　　）

5 次の比を、簡単な整数の比で表しましょう。

10点(1つ5)

①　プールの縦 25 m と横 15 m の長さの比

（　　　　　　　　）

②　宿題をした時間 28 分と本をよんだ時間 40 分の比

（　　　　　　　　）

比を簡単にするには、両方の数を、それらの最大公約数でわるといいよ。約分をする
ときに似ているね。

68

32 小数・分数を使った比

❶ 0.8：1.2 の比を簡単にします。□にあてはまる数をかきましょう。

10点(全部できて1つ5)

あ　整数の比になおしてから簡単にする。

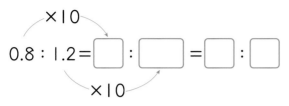

0.8：1.2 ＝ □ : □ ＝ □ : □

整数の比にしてから、最大公約数でわると……

い　比の値を利用する。

比の値を求めると、0.8÷1.2＝ $\frac{□}{□}$ だから、0.8：1.2＝ □ : □

❷ $\frac{5}{6}$ ： $\frac{2}{3}$ の比を簡単にします。□にあてはまる数をかきましょう。

10点(全部できて1つ5)

あ　通分して考える。

$\frac{5}{6}$ ： $\frac{2}{3}$ ＝ $\frac{□}{□}$ ： $\frac{□}{□}$ ＝ □ : □

通分する。

分母の最小公倍数で通分しよう。

い　比の値を利用する。

比の値を求めると、 $\frac{5}{6}$ ÷ $\frac{2}{3}$ ＝ $\frac{□}{□}$ だから、 $\frac{5}{6}$ ： $\frac{2}{3}$ ＝ □ : □

比の値は、約分した分数で表すよ。

❸ 次の比を簡単にしましょう。　　　　　　　　　　　　　　30点(1つ5)

① 0.5 : 0.7

② 1.8 : 0.4

（　　　　　　　）　　　　　　　　（　　　　　　　）

③ 2.1 : 2.8

④ 3.5 : 5.6

（　　　　　　　）　　　　　　　　（　　　　　　　）

⑤ 3 : 4.5

⑥ 4.9 : 7

（　　　　　　　）　　　　　　　　（　　　　　　　）

❹ 次の比を簡単にしましょう。　　　　　　　　　　　　　　30点(1つ5)

① $\frac{1}{5} : \frac{1}{4}$

② $\frac{1}{2} : \frac{3}{7}$

（　　　　　　　）　　　　　　　　（　　　　　　　）

③ $\frac{3}{8} : \frac{5}{4}$

④ $\frac{6}{7} : \frac{2}{3}$

（　　　　　　　）　　　　　　　　（　　　　　　　）

⑤ $\frac{9}{5} : 3$

⑥ $2 : \frac{8}{9}$

（　　　　　　　）　　　　　　　　（　　　　　　　）

❺ 次の比を、簡単な整数の比で表しましょう。　　　　　　20点(1つ10)

① やかんのお茶4Lとポットのお茶1.5Lの量の比

（　　　　　　　）

② 使った砂糖$\frac{2}{3}$kgと残った砂糖$\frac{4}{5}$kgの重さの比

（　　　　　　　）

小数や分数の比を簡単にするときは、整数の比になおしてから、できるだけ小さな
整数の比にすればいいね。答えの両方の数を同じ数でわれないか、確認しよう。

70

33 比を使った問題

① 縦と横の長さの比を 2：3 にしてポスターをつくります。　30点(式10・答え5)

①　横の長さを 60 cm にすると、縦の長さは何 cm になりますか。

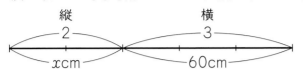

縦
2

横
3

$x$cm
60cm

> まず、比の1にあたる量を求めよう。

式　$60 ÷ 3 =$
　　$20 × 2 =$

答え（　　　　　　）

> 等しい比や比の値を使って考えてもいいよ。

・等しい比を使う	・比の値を使う
20倍	2：3の比の値は $\frac{2}{3}$
$2：3 = x：60$	$\frac{2}{3}$倍　　$\frac{2}{3}$倍
20倍	$2　：3 = x　：60$
$2 × 20 = 40$　　40 cm	$60 × \frac{2}{3} = 40$　　40 cm

②　縦の長さを 50 cm にすると、横の長さは何 cm になりますか。
　式

答え（　　　　　　）

② 青の絵の具と黄の絵の具の量の比を 5：4 にして混ぜて、緑の絵の具をつくります。

20点(式5・答え5)

①　黄の絵の具を 28 mL にすると、青の絵の具は何 mL いりますか。
　式

答え（　　　　　　）

②　青の絵の具を 80 mL にすると、黄の絵の具は何 mL いりますか。
　式

答え（　　　　　　）

③ ゆうまさんは、56枚の色紙を、弟と分けることにしました。ゆうまさんの分と弟の分の枚数の比を 4：3 にするには、それぞれ何枚に分けたらよいか考えます。

① ゆうまさんの分と全部の枚数の比をかきましょう。

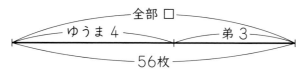

左のような
図に表せるね。

( )

② ゆうまさんの分の枚数を求めましょう。

式 $56 \times \dfrac{4}{7} =$

ゆうま　全部
$\dfrac{4}{7}$倍

4 ： 7
x枚　56枚

$\dfrac{4}{7}$倍

答え ( )

③ 弟の分の枚数を求めましょう。
式

答え ( )

④ 480 cm のリボンを、かのんさんとお姉さんで分けます。かのんさんの分とお姉さんの分の長さの比を 3：5 にするには、それぞれ何 cm に分けたらよいですか。

式

答え (かのんさん…　　　　　、お姉さん…)

⑤ 300 円のおかしを、ひろとさんと妹でおかねを出しあって買います。ひろとさんと妹の出す分の比を 7：3 にすると、それぞれ何円出せばよいですか。

式

答え (ひろとさん…　　　　　、妹…)

全体をきまった比に分ける問題では、まず、求める量と全体の量の比を考えよう。
4：3 に分けるとき、全体は 4＋3 で 7 にあたるよ。

34 割合を使って

❶ 水そういっぱいに水を入れるのに、Ａ(エー)の管を使うと６分、Ｂ(ビー)の管を使うと12分かかります。

30点(①1つ5、②③式5・答え5)

① Ａ、Ｂの管で1分間に入れられる水の量は、それぞれ水そう全体のどれだけにあたりますか。

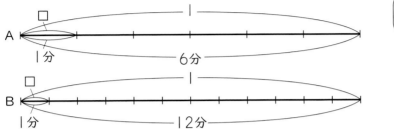

> 水そう全体を
> 1として考えよう。

Ａ（　　　　）　Ｂ（　　　　）

② 両方の管をいっしょに使うと、1分間に入れられる水の量は、水そう全体のどれだけにあたりますか。

式　$\frac{1}{6} + \frac{1}{12} =$

答え（　　　　）

③ 両方の管をいっしょに使って水を入れると、何分でいっぱいになりますか。

式　$1 \div \frac{1}{4} =$

答え（　　　　）

❷ ＡさんとＢさんの2人で、公園のそうじをします。Ａさん1人だと90分、Ｂさん1人だと60分かかります。2人でいっしょにすると、何分かかりますか。

20点(式10・答え10)

式

答え（　　　　）

3 ひまりさんは、家から学校まで行くのに、歩けば 15 分、走れば 9 分かかります。

20点(①1つ5、②式5・答え5)

① ひまりさんが 1 分間に歩く道のりと走る道のりは、それぞれ家から学校までの道のりのどれだけにあたりますか。

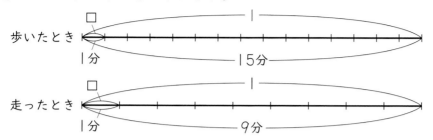

歩いたとき 1分 15分

走ったとき 1分 9分

A （ 　　　　 ） B （ 　　　　 ）

② ひまりさんは、はじめ 10 分間歩き、そのあと走って、家から学校まで行きました。走った時間は何分ですか。
式

歩いた道のりと
残りの道のりは
全体のどれだけかな。

答え （ 　　　　 ）

4 やまとさんは、家から公園まで行くのに、歩けば 30 分、走れば 12 分かかります。

30点(式10・答え5)

① やまとさんは、はじめ 25 分間歩き、そのあと走って、家から公園まで行きました。走った時間は何分ですか。
式

答え （ 　　　　 ）

② 次の日、やまとさんは、はじめ 4 分間走り、そのあと歩いて、家から公園まで行きました。歩いた時間は何分ですか。
式

答え （ 　　　　 ）

実際の水の量や道のりがわからなくても、全体を 1 として割合を使って考えれば、問題を解くことができるね。

月　日　目標時間 **15** 分

名前

点

1 次の□にあてはまる分数を求めましょう。　　　　18点(1つ6)

① $\frac{8}{9}$ km の □ 倍にあたる道のりは、$\frac{2}{3}$ km です。

② □ L は、4L の $\frac{3}{10}$ です。

③ □ kg の $\frac{7}{15}$ は、$\frac{2}{5}$ kg です。

2 青のテープの長さは $\frac{9}{4}$ m、白のテープの長さは6m です。　　20点(式5・答え5)

① 白のテープの長さを1としたとき、青のテープの長さはどれだけにあたりますか。分数で表しましょう。

式

答え（　　　　　　）

② 黄のテープは、白のテープの $\frac{5}{12}$ 倍の長さです。黄のテープの長さは何m ですか。分数で表しましょう。

式

答え（　　　　　　）

3 花だん全体の面積の $\frac{3}{7}$ にあたる $\frac{3}{5}$ ㎡ にホウセンカを植えました。花だん全体の面積は何 ㎡ ですか。分数で表しましょう。　　10点(式5・答え5)

式

答え（　　　　　　）

4 x にあてはまる数をかきましょう。　　　　　　　　　　　16点(1つ4)

①　$45:18=5:x$

②　$12:28=x:7$

$\left(x= \right)$　　　　　　　　$\left(x= \right)$

③　$9:4=72:x$

④　$6:11=x:55$

$\left(x= \right)$　　　　　　　　$\left(x= \right)$

5 次の比を簡単にしましょう。　　　　　　　　　　　16点(1つ4)

①　$6:16$

②　$63:14$

$\left(\right)$　　　　　　　　$\left(\right)$

③　$4.8:4$

④　$\dfrac{4}{9}:\dfrac{2}{5}$

$\left(\right)$　　　　　　　　$\left(\right)$

6　砂糖と水の重さの比を $5:8$ にして混ぜて、シロップをつくります。水を $1.2\,\mathrm{kg}$ に
すると、砂糖は何 g にすればよいですか。　　　　10点(式5・答え5)

　式

　　　　　　　　　　　　　　　　　　　　　　答え $\left(\right)$

7　$84\,\mathrm{cm}$ のひもを使って、長方形をつくります。縦と横の長さの比を $2:5$ に
すると、それぞれの長さは何 cm になりますか。　　10点(式5・答え両方できて5)

　式

　　　　　　　　　答え $\left(\text{縦…} 、\text{横…} \right)$

月　日　目標時間 **15**分

名前

点

1 次の☐にあてはまる数を求めましょう。　　20点(1つ5)

①　8.1秒は、5.4秒の ☐ 倍です。

②　4.8mの0.75倍は、☐ mです。

③　☐ kgは、$\frac{7}{8}$kgの$\frac{6}{7}$倍です。

④　☐ Lの$\frac{4}{3}$は、$\frac{6}{5}$Lです。

2 いつきさんの家では、今年、6.5kgのじゃがいもがとれました。　20点(式5・答え5)

①　去年とれたじゃがいもは9.1kgでした。去年とれたじゃがいもは、今年とれたじゃがいもの何倍ですか。

式

答え（　　　　　）

②　いつきさんの家で今年とれたじゃがいもは、はるなさんの家で今年とれたじゃがいもの1.25倍だったそうです。はるなさんの家で今年とれたじゃがいもは何kgでしたか。

式

答え（　　　　　）

3 ある小学校の6年生全体の人数は120人です。6年生全体の0.7倍が兄か姉がいる人数、兄か姉がいる人数の0.5倍が姉がいる人数です。6年生で姉がいる人数は何人ですか。　　10点(式5・答え5)

式

答え（　　　　　）

4 分数で表しましょう。   10点(1つ5)

① 34 人は、51 人の何倍ですか。

（　　　　　）

② 140 枚は、80 枚の何倍ですか。

（　　　　　）

5 お茶とコーヒーとジュースがあります。お茶の量は $\frac{3}{2}$ L です。   20点(式5・答え5)

① コーヒーの量は $\frac{5}{4}$ L です。お茶の量を 1 としたとき、コーヒーの量はどれだけに
あたりますか。分数で表しましょう。
式

答え（　　　　　）

② ジュースの量は、お茶の量の $\frac{8}{9}$ 倍です。ジュースは何 L ありますか。分数で
表しましょう。
式

答え（　　　　　）

6 料理にバターを 150 g 使いました。これは、はじめにあったバターの重さの $\frac{5}{8}$ に
あたります。はじめにあったバターは何 g ですか。   10点(式5・答え5)
式

答え（　　　　　）

7 あるプリントをコピーするのに、A のコピー機だと 20 分、B のコピー機だと
30 分かかります。両方をいっしょに使うと、何分かかりますか。   10点(式5・答え5)
式

答え（　　　　　）

1 次の小数で表した割合を百分率で、百分率で表した割合を小数で表しましょう。

12点(1つ3)

① 0.38　　　　② 2.01　　　　③ 7%　　　　④ 150%

（　　　　　）（　　　　　）（　　　　　）（　　　　　）

2 次の◯◯にあてはまる数を求めましょう。

9点(1つ3)

① 42分は、75分の ◯◯◯◯ % です。

② 90mの120%は ◯◯◯◯ mです。

③ 20kgは、◯◯◯◯ kgの8% にあたります。

3 そうまさんは 600円持っています。

20点(式5・答え5)

① このうち、270円を使いました。使った金額は、はじめに持っていた金額の
何% ですか。

式

答え（　　　　　）

② 妹は、そうまさんがはじめに持っていた金額の 60% のおかねを持っています。
妹は何円持っていますか。

式

答え（　　　　　）

4 ふくろ入りのクッキーが、これまでよりも 20% 増量して、1ふくろ 420g 入りで
売られています。これまで売られていたクッキーは、1ふくろ何g 入りでしたか。

10点(式5・答え5)

式

答え（　　　　　）

5 21：15と等しい比を、2つ選んで記号で答えましょう。　両方できて5点

㋐　18：12　　　㋑　7：5　　　㋒　$\frac{1}{7}：\frac{1}{5}$　　　㋓　4.2：3

（　　　　　　）

6 xにあてはまる数をかきましょう。　　　　12点(1つ3)

①　12：9＝4：x　　　　　　　②　25：30＝x：6

（$x=$　　　　　　）　　　　　　（$x=$　　　　　　）

③　7：2＝49：x　　　　　　　④　5：9＝x：36

（$x=$　　　　　　）　　　　　　（$x=$　　　　　　）

7 次の比を簡単にしましょう。　　　　12点(1つ3)

①　28：16　　　　　　　　　②　27：45

（　　　　　　）　　　　　　（　　　　　　）

③　3.6：0.8　　　　　　　　④　$\frac{3}{4}：\frac{7}{8}$

（　　　　　　）　　　　　　（　　　　　　）

8 すとサラダ油の量の比を2：3にしてドレッシングをつくります。すを120 mL にすると、サラダ油は何 mL いりますか。　　　10点(式5・答え5)

式

答え（　　　　　　）

9 ある日の美術館の入館者数は540人で、おとなと子どもの人数の比は5：4でした。この日の子どもの入館者数は何人でしたか。　　　10点(式5・答え5)

式

答え（　　　　　　）

答え 5・6年の 倍の計算・割合・比

1 割合を表す小数 ①

❶ ①式 $15÷10=1.5$ 答え 1.5倍
　　②式 $8÷10=0.8$ 答え 0.8倍
❷ ①式 $63÷36=1.75$ 答え 1.75倍
　　②式 $18÷36=0.5$ 答え 0.5倍
　　③式 $63÷18=3.5$ 答え 3.5倍
❸ ①式 $20÷16=1.25$ 答え 1.25倍
　　②式 $12÷16=0.75$ 答え 0.75倍

考え方 何倍にあたるかを表した数（倍を表す数）を、割合といいます。
❶ ①答えの1.5倍というのは、赤のリボンの長さを1としたとき、青のリボンの長さが1.5にあたる大きさであるという意味です。青のリボンの長さは、赤のリボンの長さの1.5倍であるともいいます。
②倍を表す数は、1より小さい小数になることもあります。
❷❸ 倍を表す数を求めるとき、わり進む計算になることもあります。わり切れるまで計算しましょう。
❸ ① ジュース の□倍は お茶

```
ジュース ──□倍→ お茶
16dL        20dL
```

② ジュース の□倍は 牛にゅう

```
ジュース ──□倍→ 牛にゅう
16dL        12dL
```

2 割合を表す小数 ②

❶ ①式 $2.8÷1.4=2$ 答え 2倍
　　②式 $7÷1.4=5$ 答え 5倍
　　③式 $9.1÷7=1.3$ 答え 1.3倍
❷ ①式 $8.4÷3.5=2.4$ 答え 2.4倍
　　②式 $2.1÷3.5=0.6$ 答え 0.6倍
　　③式 $2.1÷8.4=0.25$ 答え 0.25倍
❸ ①1.5、1.6　②4.5、0.8

考え方 1とした大きさや何倍にあたる大きさが小数のときも、整数のときと同じようにわり算を使って、何倍になっているかを求めます。
❶ ①②1.4mを1としたとき、2.8mは2、7mは5にあたる大きさになっています。
③1とした大きさは、赤のひもの長さの7mです。まちがえないようにしましょう。
❷ ①②1とした大きさは、A町の面積の3.5km²です。
③1とした大きさは、B町の面積の8.4km²だから、式は、 C町の面積 ÷ B町の面積 となります。
❸ ①1とした大きさは、Bの長さの1.5mです。
$2.4÷1.5=1.6$
2.4mは1.6にあたる大きさです。
②1とした大きさは、Bの重さの4.5kgです。
$3.6÷4.5=0.8$
3.6kgは0.8にあたる大きさです。

3 割合を表す小数 ③

❶ ①式 $15×1.2=18$ 答え 18m
　　②式 $15×0.6=9$ 答え 9m
❷ ①式 $2×1.6=3.2$ 答え 3.2km
　　②式 $2×0.4=0.8$ 答え 0.8km
❸ ①式 $3.6×1.5=5.4$ 答え 5.4kg
　　②式 $3.6×0.75=2.7$ 答え 2.7kg
❹ 7.2L

考え方 １とした大きさと倍を表す数（割合^{わりあい}）から、何倍にあたる大きさを求めます。

❶ ①15mを１としたとき、1.2にあたる大きさは18mになります。倍を表す数が小数になっても、求め方は同じです。
②倍を表す数が１より小さいときは、かけた答えは１とした大きさより小さくなることに気をつけましょう。

❷ ①②2kmを１として、1.6や0.4にあたる大きさを求めます。小数のかけ算では、答えの小数点の位置に気をつけて計算しましょう。

❸ ① ねこ の1.5倍は 犬

② ねこ の0.75倍は うさぎ

❹ ３Lの2.4倍を求める式は、3×2.4=7.2だから、正しい答えは7.2Lです。

---

4 割合を表す小数④

❶ 式　340÷0.4=850　　　　答え　850 mL
❷ 式　91÷1.3=70　　　　　答え　70 kg
❸ 式　5.2÷0.8=6.5　　　　答え　6.5 m
❹ 式　4.9÷1.4=3.5　　　　答え　3.5 L
❺ ①イ
　②式　1.8÷1.5=1.2　　　答え　1.2 m

考え方 何倍にあたる大きさと倍を表す数から、１にあたる大きさを求めます。

❶ １としたのはポットの水の量だから、
ポットの水の量×0.4=水とうの水の量 から、
□×0.4=340
□を求める式は、340÷0.4 となります。

❷ １としたのは去年とれた米の重さだから、
□×1.3=91
□を求める式は、91÷1.3 です。

❸❹ 何倍にあたる大きさが小数になっても、同じように考えて求めます。

❺ ①１としたのは白いテープの長さで、1.5にあたるのは青いテープの長さ1.8 mだから、これにあてはまる図は⑦です。

---

② 白 の1.5倍は 青

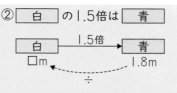

□を求める式は、1.8÷1.5です。

---

5 何倍になるかを考えて①

❶ ① 0.6倍、 0.2倍、 1500㎡
　②式　1500×(0.6×0.2)
　　　＝1500×0.12=180
　　　　　　　　　　　答え　180 ㎡

❷ ① 木 → ビル → タワー
　②式　16×(2.5×1.4)
　　　＝16×3.5=56　　　答え　56 m

❸ 式　3.5×(0.8×0.5)
　　＝3.5×0.4=1.4　　　答え　1.4 L

❹ 式　2.5×(1.2×1.5)
　　＝2.5×1.8=4.5　　　答え　4.5 km

❺ 式　80×(0.4×0.7)
　　＝80×0.28=22.4　　答え　22.4 kg

考え方 ❶ 全体の何倍になっているかを考えて求めます。
②花だんの面積は、
公園全体の面積×(0.6×0.2)で求めます。

❷ ②(2.5×1.4)は１より大きいので、木よりタワーのほうが高くなります。
式を、2.5×1.4=3.5　16×3.5=56
とかいても正解^{せいかい}です。（以下も同じ）

❸ やかんの水の量の(0.8×0.5)倍がびんの水の量です。１とした大きさが小数でも、整数のときと同じように考えて求めます。

❺

お父さんの体重の(0.4×0.7)倍が弟の体重です。

👑6 何倍になるかを考えて ②

❶ ① 0.6倍、0.4倍、12人

② 式　12÷(0.6×0.4)

　　　=12÷0.24=50　　　　答え　50人

❷ ① ノート→コンパス→筆箱

② 式　780÷(1.5×2.6)

　　　=780÷3.9=200　　　答え　200円

❸ 式　1.3÷(0.5×0.4)

　　　=1.3÷0.2=6.5　　　答え　6.5 m

❹ 式　8.4÷(1.6×3.5)

　　　=8.4÷5.6=1.5　　　答え　1.5 kg

❺ 式　9÷(0.3×0.5)

　　　=9÷0.15=60　　　答え　60人

考え方 **❶** ②1としたのは東公園全体の人数だから、

全体 ×(0.6×0.4)= 遊具で遊ぶ人数

□×(0.6×0.4)=12 から、

□を求める式は、12÷(0.6×0.4) です。

式を、0.6×0.4=0.24　12÷0.24=50 と

かいても正解です。（以下も同じ）

❷ 1としたのはノートのねだんだから、

□×(1.5×2.6)=780

□を求める式は、780÷(1.5×2.6) です。

❸ □×(0.5×0.4)=1.3 から、

□を求める式は、1.3÷(0.5×0.4) です。

❺

```
        0.3倍          0.5倍
全体 ─────→ 虫歯がある ─────→ 治りょう
□人                          ↘ 9人
        └──── ■倍 ────┘
```

□を求める式は、9÷(0.3×0.5)です。

👑7 分数倍

❶ ① 式　$15÷12=\frac{5}{4}$　　　　答え　$\frac{5}{4}$ 倍

② 式　$9÷12=\frac{3}{4}$　　　　答え　$\frac{3}{4}$ 倍

③ 式　$15÷9=\frac{5}{3}$　　　　答え　$\frac{5}{3}$ 倍

❷ ① 式　$32÷24=\frac{4}{3}$　　　　答え　$\frac{4}{3}$ 倍

② 式　$16÷24=\frac{2}{3}$　　　　答え　$\frac{2}{3}$ 倍

③ 式　$16÷32=\frac{1}{2}$　　　　答え　$\frac{1}{2}$ 倍

❸ ① あめ、30円、ガム

② 式　$30÷50=\frac{3}{5}$　　　答え　$\frac{3}{5}$ 倍

考え方　何倍にあたるかを、分数を使って表すことがあります。答えは、帯分数で表しても正解です。（以下も同じ）

❶ ①②12 cmを1としたとき、15 cmは$\frac{5}{4}$、9 cmは$\frac{3}{4}$にあたる大きさになっています。

③白のテープの長さを1としたとき、青のテープの長さは$\frac{5}{3}$にあたります。

❷ ①②1とした大きさは、オレンジジュースの量の24 dLです。

③1とした大きさはりんごジュースの量だから、式は、 ぶどう ÷ りんご となります。

❸ ② ガム の□倍は あめ

```
ガム ──□倍──→ あめ
50円         30円
```

$30÷50=\frac{3}{5}$（倍）　30円は、50円の$\frac{3}{5}$にあたります。

👑8 まとめの テスト

❶ ① 式　2.5×0.6=1.5

　　　　　　　　答え　B（のシート）

② 式　4.2÷1.5=2.8　　答え　2.8倍

③ 式　2.5×1.4=3.5　　答え　3.5 m²

❷ ① 式　2.4×0.75=1.8　　答え　1.8 dL

② 式　2.4÷4.8=0.5　　答え　0.5 dL

❸ 式　30×(1.4×1.5)

　　　=30×2.1=63　　　答え　63個

❹ 式　4.5÷(0.5×0.6)

　　　=4.5÷0.3=15　　　答え　15 m

❺ ① 式　$35÷40=\frac{7}{8}$　　答え　$\frac{7}{8}$ 倍

② 式　$25÷35=\frac{5}{7}$　　答え　$\frac{5}{7}$ 倍

考え方 ❶ ①Aのシートの0.6倍の面積を求めると1.5㎡だから、Bのシートです。

② B の□倍は C

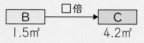

| B 1.5㎡ | □倍 → | C 4.2㎡ |

③ A の1.4倍は D

| A 2.5㎡ | 1.4倍 → | D □㎡ |

❷ ①サラダ油の0.75倍は す

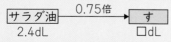

| サラダ油 2.4dL | 0.75倍 → | す □dL |

②しょうゆの4.8倍はサラダ油

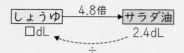

| しょうゆ □dL | 4.8倍 → | サラダ油 2.4dL |
÷

❸ 大 は 小 の何倍になっているかを考えて求めます。 大 を求める式は、
小 ×(1.4×1.5)になります。

❹

| 赤 □m | 0.5倍 → | 白 | 0.6倍 → | 青 4.5m |
■倍

□を求める式は、4.5÷(0.5×0.6)です。

❺ ①1とした大きさは、図かんの数の40さつです。何倍にあたるかを分数で表します。

② 絵本 の□倍は 百科事典

| 絵本 35さつ | □倍 → | 百科事典 25さつ |

1とした大きさは絵本の数だから、式は、

百科事典 ÷ 絵本 となります。

👑 9 割合を求める ①

❶ ①式　30÷15＝2　　　　　　　答え　2倍
　②2
❷ ①式　12÷10＝1.2　　　　　　答え　1.2
　②式　24÷16＝1.5　　　　　　答え　1.5
　③式　16÷10＝1.6　　　　　答え　1.6倍
❸ ①式　28÷20＝1.4　　　　　答え　1.4
　②式　34÷20＝1.7　　　　　答え　1.7

考え方 割合は、次の式で求めます。

割合 ＝ くらべる量 ÷ もとにする量

❶ ①サッカークラブの定員を1としたとき、希望者は2にあたる大きさです。
②①のことは、サッカークラブの定員をもとにした希望者の割合は2である、といえます。

❷ ①もとにする量は陸上クラブの定員で、くらべる量は希望者です。12人が10人の何倍にあたるかを求めます。

| くらべる量 | もとにする量 | 割合 |
| 12 | ÷　10 | ＝1.2 |

③もとにする量は陸上クラブの定員で、くらべる量は音楽クラブの定員です。

❸ 青いテープの長さがもとにする量です。
① 青 の□倍は 赤

| 青 20m | □倍 → | 赤 28m |
÷

求める式は、28÷20 になります。

② 青 の□倍は 黄

| 青 20m | □倍 → | 黄 34m |
÷

求める式は、34÷20 になります。

👑 10 割合を求める ②

❶ ①式　30÷75＝0.4　　　　　　答え　0.4
　②式　36÷72＝0.5　　　　　　答え　0.5
　③式　72÷75＝0.96　　　　答え　0.96倍
❷ ①式　63÷84＝0.75　　　　　答え　0.75
　②式　57÷95＝0.6　　　　　　答え　0.6
❸ ①式　12＋48＝60
　　　　12÷60＝0.2　　　　　　答え　0.2
　②式　48÷60＝0.8　　　　　　答え　0.8
　③式　12÷48＝0.25　　　　答え　0.25倍

① 式　$160÷\dfrac{2}{5}=400$　　　　答え　400 g

② 式　$\dfrac{4}{3}÷\dfrac{4}{9}=3$　　　　　　答え　3 L

③ 式　$\dfrac{5}{4}÷\dfrac{10}{7}=\dfrac{7}{8}$　　　　答え　$\dfrac{7}{8}$ m

④ 式　$\dfrac{1}{2}÷\dfrac{3}{10}=\dfrac{5}{3}$　　　答え　$\dfrac{5}{3}$ 時間

⑤ 式　$\dfrac{6}{7}÷\dfrac{8}{7}=\dfrac{3}{4}$　　　答え　$\dfrac{3}{4}$ km

⑥ ①60　②9　③$\dfrac{12}{7}$

考え方　もとにする量を求める問題です。

① 1とした大きさを□とすると、$□×\dfrac{2}{5}=160$

だから、□を求める式は、$160÷\dfrac{2}{5}$ です。

② 1とした大きさは、びん全体の容積です。

③ 1とした大きさは、赤いテープの長さです。

④

| 全部 | の$\dfrac{3}{10}$倍は | 算数 |

全部 ──$\dfrac{3}{10}$倍→ 算数

□時間　　　　　$\dfrac{1}{2}$時間

求める式は、$\dfrac{1}{2}÷\dfrac{3}{10}$ です。

⑤

| スーパーまで | の$\dfrac{8}{7}$倍は | 公園まで |

スーパーまで ──$\dfrac{8}{7}$倍→ 公園まで

□km　　　　　$\dfrac{6}{7}$km

求める式は、$\dfrac{6}{7}÷\dfrac{8}{7}$ です。

⑥　①□本の$\dfrac{3}{4}$倍は45本だから、□を求める

式は、$45÷\dfrac{3}{4}$ です。

②□kmの$\dfrac{1}{6}$倍は$\dfrac{3}{2}$kmだから、□を求める式

は、$\dfrac{3}{2}÷\dfrac{1}{6}$ です。

③□kgの$\dfrac{7}{10}$倍は$\dfrac{6}{5}$kgだから、□を求める

式は、$\dfrac{6}{5}÷\dfrac{7}{10}$ です。

① 30：[40]

② ①15：45　②28：20

③ ①A…60：90、B…4：6

②A…$\dfrac{2}{3}$、B…$\dfrac{2}{3}$

③いえる。

④ ①$\dfrac{3}{5}$　②$\dfrac{4}{7}$　③2　④4

⑤1　⑥$\dfrac{5}{8}$　⑦$\dfrac{3}{4}$　⑧$\dfrac{5}{3}$

⑤ ①×　　　　②○

⑥ ①⑦、⑤　　②⑦、⑦

考え方　**①** 縦：横 の順にかきます。

② ①1：3 とかいても正解です。

②7：5 とかいても正解です。

③ ②$a÷b=\dfrac{a}{b}$ を使って、分数で表しましょう。

③2つの比で、それぞれの比の値が等しいとき、

2つの比は等しいといいます。

④ 比の値は、帯分数や小数で表しても正解で

す。（以下も同じ）分数で表すときは、約分を

忘れないようにしましょう。

⑤ ①12：18の比の値は$\dfrac{2}{3}$、21：28の比の

値は$\dfrac{3}{4}$　比の値がちがうので、2つの比は等

しくない。

②8：10も20：25も比の値は$\dfrac{4}{5}$　比の値が

等しいので、2つの比は等しい。

⑥　それぞれの比の値を求めて、等しい比をみ

つけます。

① ①×[3]、×[3]　　②÷[4]、÷[4]

③×[5]、15：[10]、×[5]

④÷[8]、[5]：3、÷[8]

② ①$x=1$　②$x=3$　③$x=30$　④$x=20$

⑤$x=8$　⑥$x=4$　⑦$x=21$　⑧$x=48$

③ ⑳÷[6]、[3]：[4]、÷[6]

ⓘ$\dfrac{3}{4}$、[3]：[4]

④ ①5：2　　②1：3　　③3：2
　　④4：5　　⑤6：1　　⑥8：3
⑤ ①5：3　　②7：10

考え方 **①** ①③両方の数に同じ数をかけます。
②④両方の数を同じ数でわります。
② ①両方の数を5でわります。
③両方の数に6をかけます。
③ ①比の値は、必ず約分しておきましょう。
④⑤ できるだけ小さな整数の比にします。

32 小数・分数を使った比

① あ $\boxed{8}$：$\boxed{12}$＝$\boxed{2}$：$\boxed{3}$
　　い $\frac{\boxed{2}}{\boxed{3}}$、$\boxed{2}$：$\boxed{3}$

② あ $\frac{\boxed{5}}{\boxed{6}}$：$\frac{\boxed{4}}{\boxed{6}}$＝$\boxed{5}$：$\boxed{4}$
　　い $\frac{\boxed{5}}{\boxed{4}}$、$\boxed{5}$：$\boxed{4}$

③ ①5：7　　②9：2　　③3：4
　　④5：8　　⑤2：3　　⑥7：10
④ ①4：5　　②7：6　　③3：10
　　④9：7　　⑤3：5　　⑥9：4
⑤ ①8：3　　②5：6

考え方 **③** まず、整数の比になおして、さらに両方の数を公倍数でわれないか考えます。
比の値を利用してもよいです。
⑤4.5を整数にするとき、3も10倍するのを忘れないようにしましょう。
④ 通分する、比の値を利用する、のどちらのやり方で簡単にしてもよいです。
⑤ $\frac{9}{5}$：3を通分すると、$\frac{9}{5}$：$\frac{15}{5}$となります。
⑤ できるだけ小さな整数の比になっているか、確認しましょう。

33 比を使った問題

① ①式　60÷3＝20　20×2＝40
　　　　　　　　　　答え　40 cm
②式　50÷2＝25　25×3＝75
　　　　　　　　　答え　75 cm

② ①式　28÷4＝7　7×5＝35
　　　　　　　答え　35 mL
②式　80÷5＝16　16×4＝64
　　　　　　　答え　64 mL

③ ①4：7
②式　$56×\frac{4}{7}＝32$　　　答え　32枚
③式　$56×\frac{3}{7}＝24$　　　答え　24枚

④ 式　$480×\frac{3}{8}＝180$　$480×\frac{5}{8}＝300$
　　　　答え　かのんさん…180 cm、
　　　　　　　お姉さん…300 cm

⑤ 式　$300×\frac{7}{10}＝210$　$300×\frac{3}{10}＝90$
　　　　答え　ひろとさん…210円、妹…90円

考え方 **①** ①比の1にあたる量は、60÷3＝20で、20 cmです。縦の長さは、その2つ分になります。
②式を、
　　　　　25倍
・2：3＝50：x　3×25＝75
　　　　　25倍
・3÷2＝$\frac{3}{2}$　50×$\frac{3}{2}$＝75
とかいても正解です。（以下も同じ）
③ ②ゆうまさんの分は全部の枚数の$\frac{4}{7}$倍です。
③弟の分は、全部の枚数からゆうまさんの分をひいて、56－32＝24で、24枚と求めても正解です。（以下も同じ）
④

34 割合を使って

1 ①A…$\frac{1}{6}$、B…$\frac{1}{12}$

②式 $\frac{1}{6}+\frac{1}{12}=\frac{1}{4}$　　　答え $\frac{1}{4}$

③式 $1\div\frac{1}{4}=4$　　　答え 4分

2 式 $\frac{1}{90}+\frac{1}{60}=\frac{1}{36}$　$1\div\frac{1}{36}=36$

答え 36分

3 ①A…$\frac{1}{15}$、B…$\frac{1}{9}$

②式 $\frac{1}{15}\times10=\frac{2}{3}$　$1-\frac{2}{3}=\frac{1}{3}$

$\frac{1}{3}\div\frac{1}{9}=3$　　　答え 3分

4 ①式 $\frac{1}{30}\times25=\frac{5}{6}$　$1-\frac{5}{6}=\frac{1}{6}$

$\frac{1}{6}\div\frac{1}{12}=2$　　　答え 2分

②式 $\frac{1}{12}\times4=\frac{1}{3}$　$1-\frac{1}{3}=\frac{2}{3}$

$\frac{2}{3}\div\frac{1}{30}=20$　　　答え 20分

考え方 **1** ②1分間に入れられる水の量の割合は、$\frac{1}{6}$と$\frac{1}{12}$の和になります。

③水そう全体÷1分間に入れられる水の量で求めます。割合を使って計算しましょう。
3 ②走った時間は、
残りの道のり÷1分間に走る道のりで求めます。
4 ②歩いた時間は、
残りの道のり÷1分間に歩く道のりで求めます。

35 まとめのテスト

1 ①$\frac{3}{4}$　②$\frac{6}{5}$　③$\frac{6}{7}$

2 ①式 $\frac{9}{4}\div6=\frac{3}{8}$　　　答え $\frac{3}{8}$

②式 $6\times\frac{5}{12}=\frac{5}{2}$　　　答え $\frac{5}{2}$m

3 式 $\frac{3}{5}\div\frac{3}{7}=\frac{7}{5}$　　　答え $\frac{7}{5}$m²

4 ①$x=2$　②$x=3$
③$x=32$　④$x=30$

5 ①3：8　②9：2
③6：5　④10：9

6 式 $1200\div8=150$　$150\times5=750$
答え 750g

7 式 $84\div2=42$　$42\times\frac{2}{7}=12$

$42\times\frac{5}{7}=30$

答え 縦…12cm、横…30cm

考え方 **1** ①$\frac{8}{9}\times\square=\frac{2}{3}$　$\frac{2}{3}\div\frac{8}{9}$で求めます。
②$4\times\frac{3}{10}$で求めます。
③$\square\times\frac{7}{15}=\frac{2}{5}$　$\frac{2}{5}\div\frac{7}{15}$で求めます。

2 ②白の$\frac{5}{12}$倍は黄

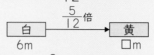

3 花だんの$\frac{3}{7}$倍はホウセンカ

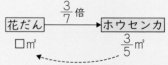

6 1.2kg＝1200gだから、比の1にあたる量は、$1200\div8=150$で、150gです。
7 縦と横の長さの和は、84cmの半分の42cmです。これを2：5に分けます。

36 しあげのテスト1

1 ①1.5　②3.6　③$\frac{3}{4}$　④$\frac{9}{10}$

2 ①式 $9.1\div6.5=1.4$　　答え 1.4倍
②式 $6.5\div1.25=5.2$　　答え 5.2kg

3 式 $120\times(0.7\times0.5)=42$　答え 42人

4 ①$\frac{2}{3}$倍　②$\frac{7}{4}$倍

5 ①式 $\frac{5}{4}\div\frac{3}{2}=\frac{5}{6}$　　　答え $\frac{5}{6}$

②式 $\frac{3}{2}\times\frac{8}{9}=\frac{4}{3}$　　　答え $\frac{4}{3}$L

6 式 $150÷\dfrac{5}{8}=240$　　　答え　240 g

7 式 $\dfrac{1}{20}+\dfrac{1}{30}=\dfrac{1}{12}$　$1÷\dfrac{1}{12}=12$

答え　12分

考え方 ❶ ①$5.4×□=8.1$　$8.1÷5.4$ で求めます。

②$4.8×0.75$ で求めます。

③$\dfrac{7}{8}×\dfrac{6}{7}$ で求めます。

④$□×\dfrac{4}{3}=\dfrac{6}{5}$　$\dfrac{6}{5}÷\dfrac{4}{3}$ で求めます。

❷ ①

②
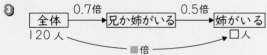

③
| 全体 | 0.7倍 → | 兄か姉がいる | 0.5倍 → | 姉がいる |

120 人 ──→ □人
──■倍──

6年生全体の$(0.7×0.5)$倍が姉がいる人数です。

❹ ①$51×□=34$　□は、$34÷51=\dfrac{34}{51}=\dfrac{2}{3}$

②$80×□=140$　□は、$140÷80=\dfrac{140}{80}=\dfrac{7}{4}$

❺ ① お茶 の□倍は コーヒー

お茶 ──□倍→ コーヒー
$\dfrac{3}{2}$L　　　$\dfrac{5}{4}$L

② お茶 の$\dfrac{8}{9}$倍は ジュース

お茶 ──$\dfrac{8}{9}$倍→ ジュース
$\dfrac{3}{2}$L　　　□L

❻ はじめ の$\dfrac{5}{8}$倍は 使った

❼ 1分間にコピーできる枚数の割合は、$\dfrac{1}{20}$ と $\dfrac{1}{30}$ の和です。かかる時間は、割合を使って、

プリント全部 ÷ 1分間にコピーできる枚数 で求めます。

👑 37 しあげのテスト2

1 ①38%　②201%　③0.07　④1.5

2 ①56　　②108　　③250

3 ①式　$270÷600=0.45$　　答え　45%
　②式　$600×0.6=360$　　答え　360円

4 式　$420÷(1+0.2)=350$　答え　350 g

5 ⑦、④

6 ①$x=3$　　②$x=5$
　③$x=14$　　④$x=20$

7 ①$7:4$　　②$3:5$
　③$9:2$　　④$6:7$

8 式　$120÷2=60$　$60×3=180$

答え　180 mL

9 式　$540×\dfrac{4}{9}=240$　　答え　240 人

考え方 ❶ 割合の0.01は1%、1は100%です。

❷ ①$75×□=42$
②$90×1.2=□$
③$□×0.08=20$

❸ ① はじめ の□倍は 使った

はじめ ──□倍→ 使った
600円　　　270円

② そうま の0.6倍は 妹

そうま ──0.6倍→ 妹
600円　　　□円

❹ 増量前 の$(1+0.2)$倍は 増量後

増量前 ──$(1+0.2)$倍→ 増量後
□g　　　　　420g

❺ $21:15$の比の値は、$21÷15=\dfrac{7}{5}$ です。

比の値が等しいとき、2つの比は等しいといいます。

❽ 比の1にあたる量は、$120÷2=60$ で、60 mL。サラダ油の量は、その3つ分になります。

❾ 子どもの入館者数は、全部の入館者数の$\dfrac{4}{9}$倍です。